Mon Maxi Cahier de Vacances

GS vers CP

Ecriture

Mathématique

Labyrinthes

Coloriage

Géométrie

Tous les acquis nécessaires

+5 ans

Pour une rentrée scolaire réussie !

Sommaire

A B C D E F G H I J K L M N
O P Q R S T U V W X Y Z

A a abeille

A A A A A A

A A A A A A

A A A A A A

A A A A A A

a a a a a a

a a a a a a

a a a a a a

a a a a a a

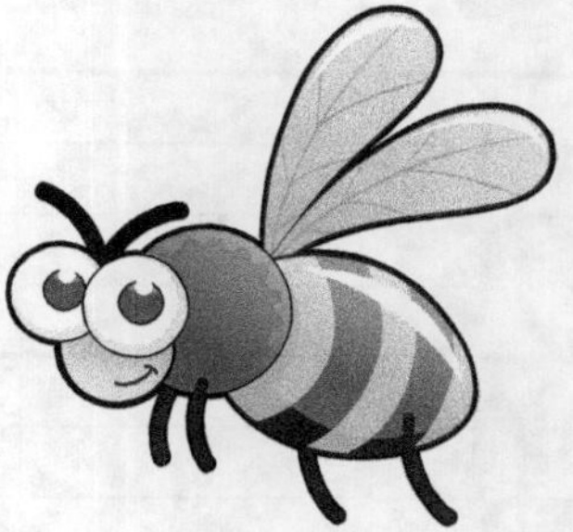

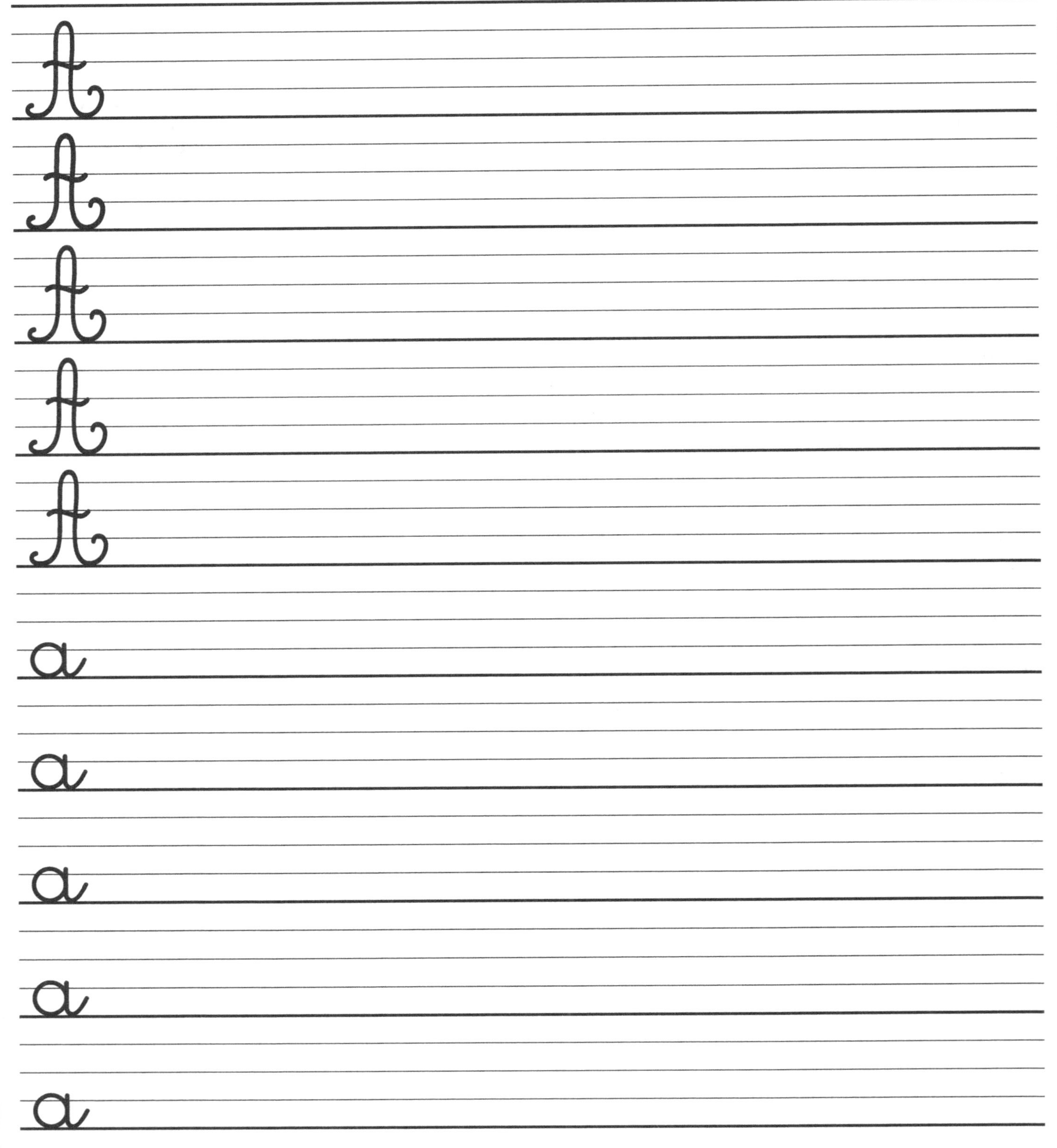

A **B** C D E F G H I J K L M N
O P Q R S T U V W X Y Z

$\mathcal{B}\,b$ bateau

$\mathcal{B}$

$\mathcal{B}$

$\mathcal{B}$

$\mathcal{B}$

$\mathcal{B}$

b

b

b

b

b

A B C D E F G H I J K L M N
O P Q R S T U V W X Y Z

$\mathscr{C}$ c

chat

A B **C** D E F G H I J K L M N
O P Q R S T U V W X Y Z

A B C **D** E F G H I J K L M N
O P Q R S T U V W X Y Z

D d dinosaure

A B C D E F G H I J K L M N
O P Q R S T U V W X Y Z

ABCD**E**FGHIJKLMN
OPQRSTUVWXYZ

$\mathcal{E}$ e étoile

A B C D E F G H I J K L M N
O P Q R S T U V W X Y Z

A B C D E **F** G H I J K L M N
O P Q R S T U V W X Y Z

F f fleur

F F F F F F

F F F F F F

F F F F F F

F F F F F F

f f f f f f

f f f f f f

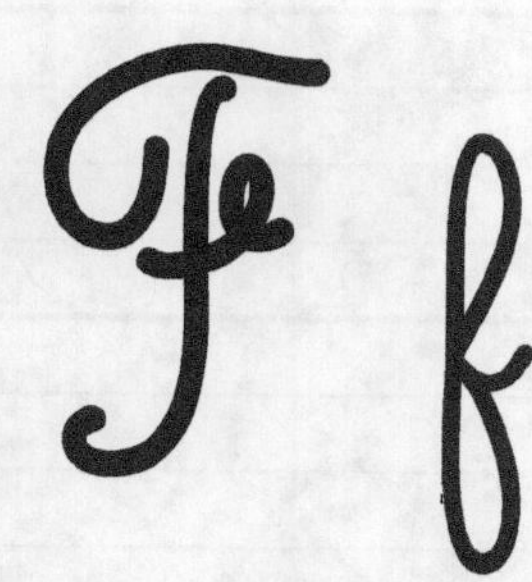

A B C D E **F** G H I J K L M N
O P Q R S T U V W X Y Z

A B C D E F **G** H I J K L M N
O P Q R S T U V W X Y Z

G g   guitare

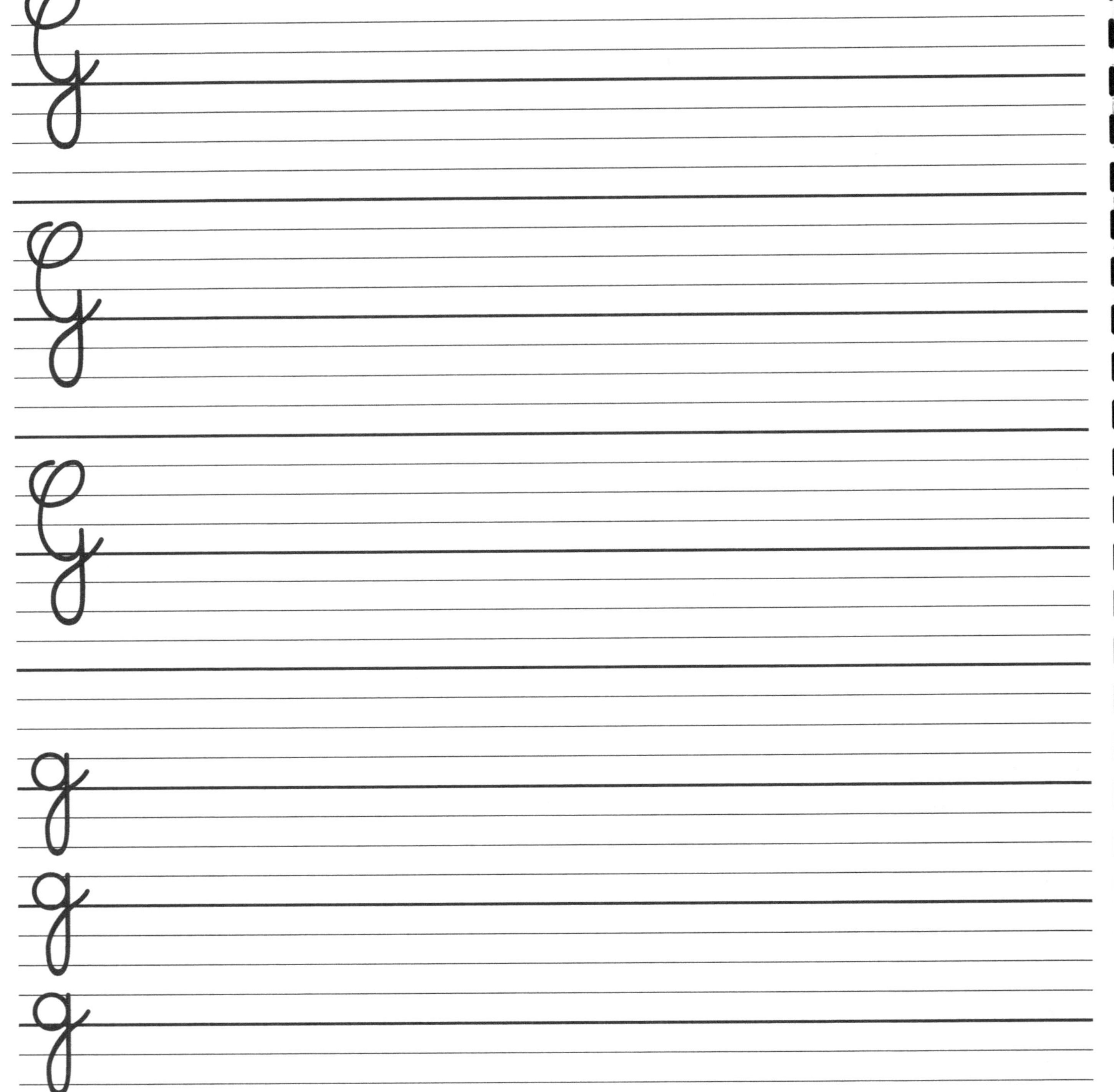
A B C D E F G H I J K L M N
O P Q R S T U V W X Y Z

A B C D E F G **H** I J K L M N
O P Q R S T U V W X Y Z

H h hélicoptère

H H H H H H
H H H H H H
H H H H H H
H H H H H H
h h h h h h
h h h h h h
h h h h h h
h h h h h h

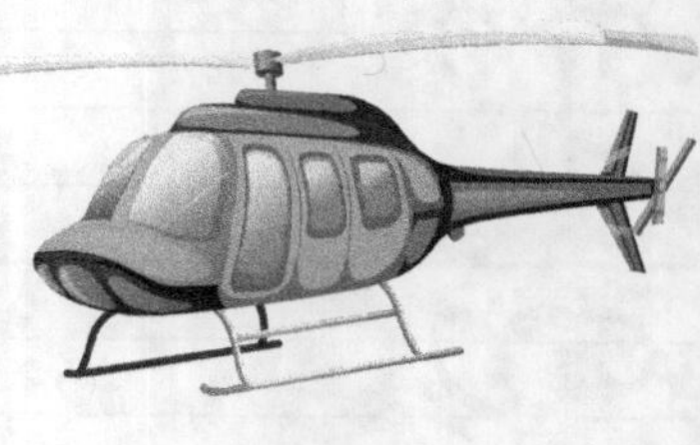

A B C D E F G **H** I J K L M N
O P Q R S T U V W X Y Z

$\mathcal{I}i$

île

A B C D E F G H **I** J K L M N
O P Q R S T U V W X Y Z

$\mathcal{J}$

$\mathcal{J}$

$\mathcal{J}$

$\mathcal{J}$

$\mathcal{J}$

i

i

i

i

i

A B C D E F G H I **J** K L M N
O P Q R S T U V W X Y Z

𝒥 j

jean 

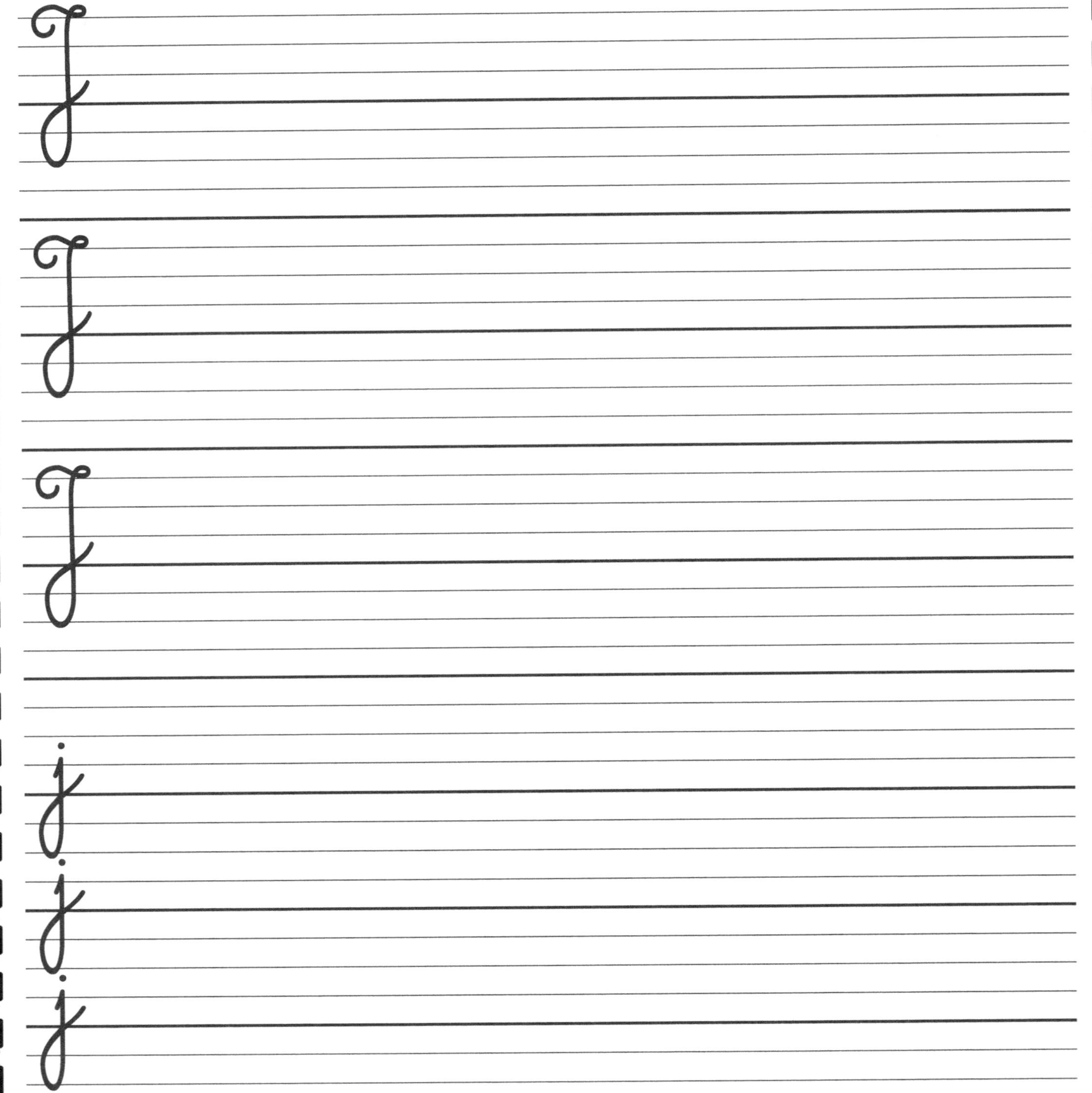

A B C D E F G H I J K L M N
O P Q R S T U V W X Y Z

A B C D E F G H I J **K** L M N
O P Q R S T U V W X Y Z

Kk koala

K K K K K K
K K K K K K
K K K K K K
K K K K K K
k k k k k k
k k k k k k
k k k k k k
k k k k k k

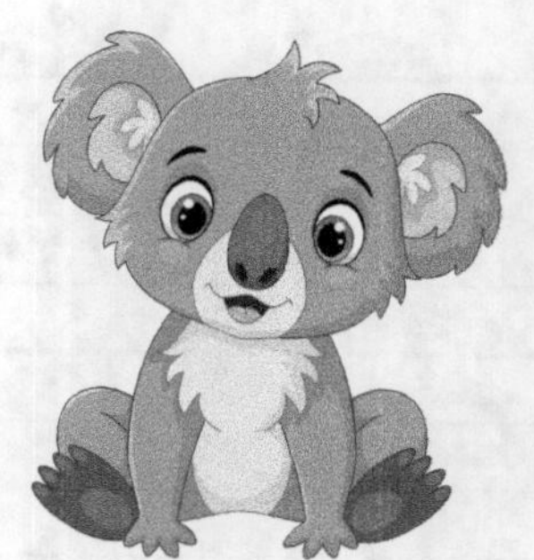

A B C D E F G H I J K **L** M N
O P Q R S T U V W X Y Z

$\mathcal{L}\,\ell$ lion

A B C D E F G H I J K L M N
O P Q R S T U V W X Y Z

A B C D E F G H I J K L M N
O P Q R S T U V W X Y Z

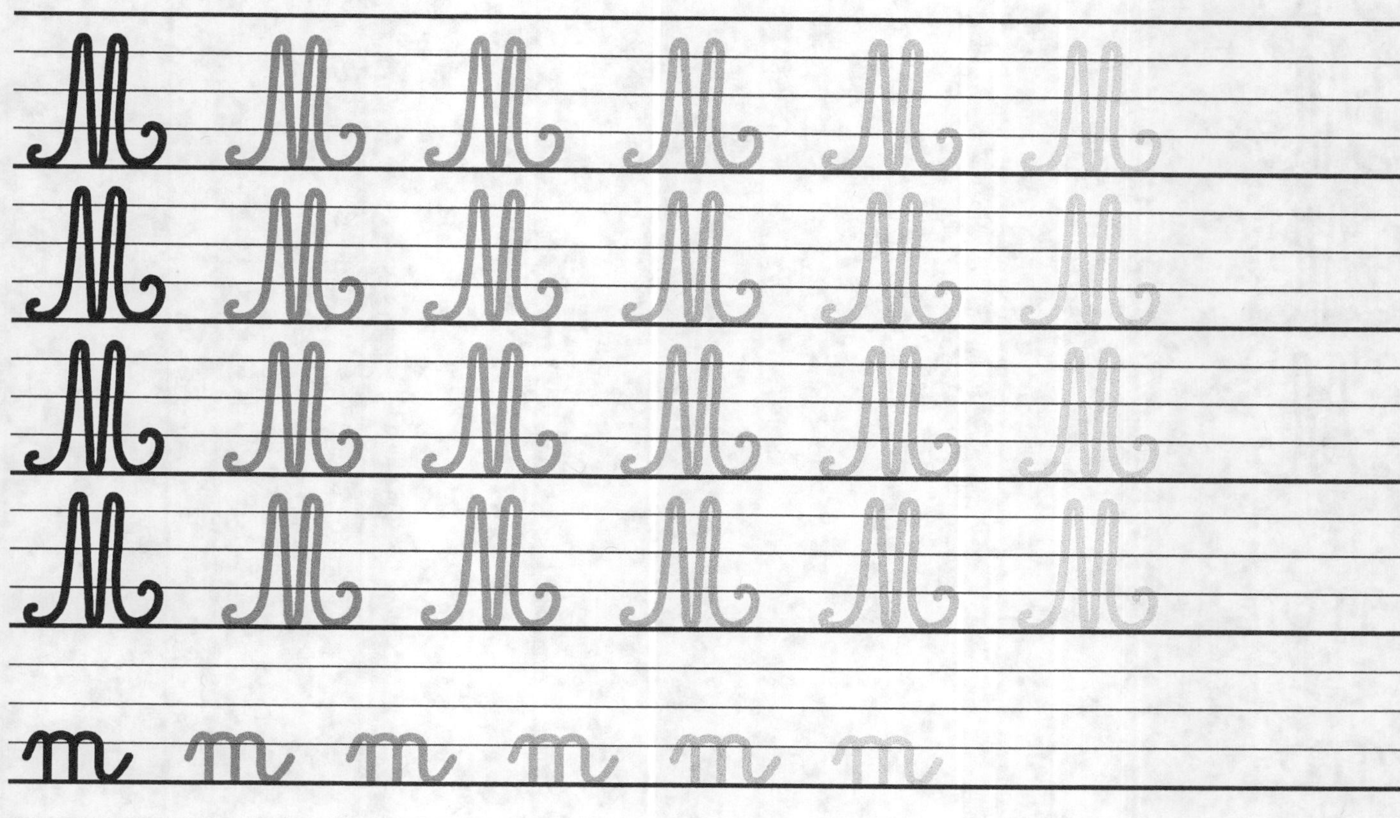

𝓜 m mouton

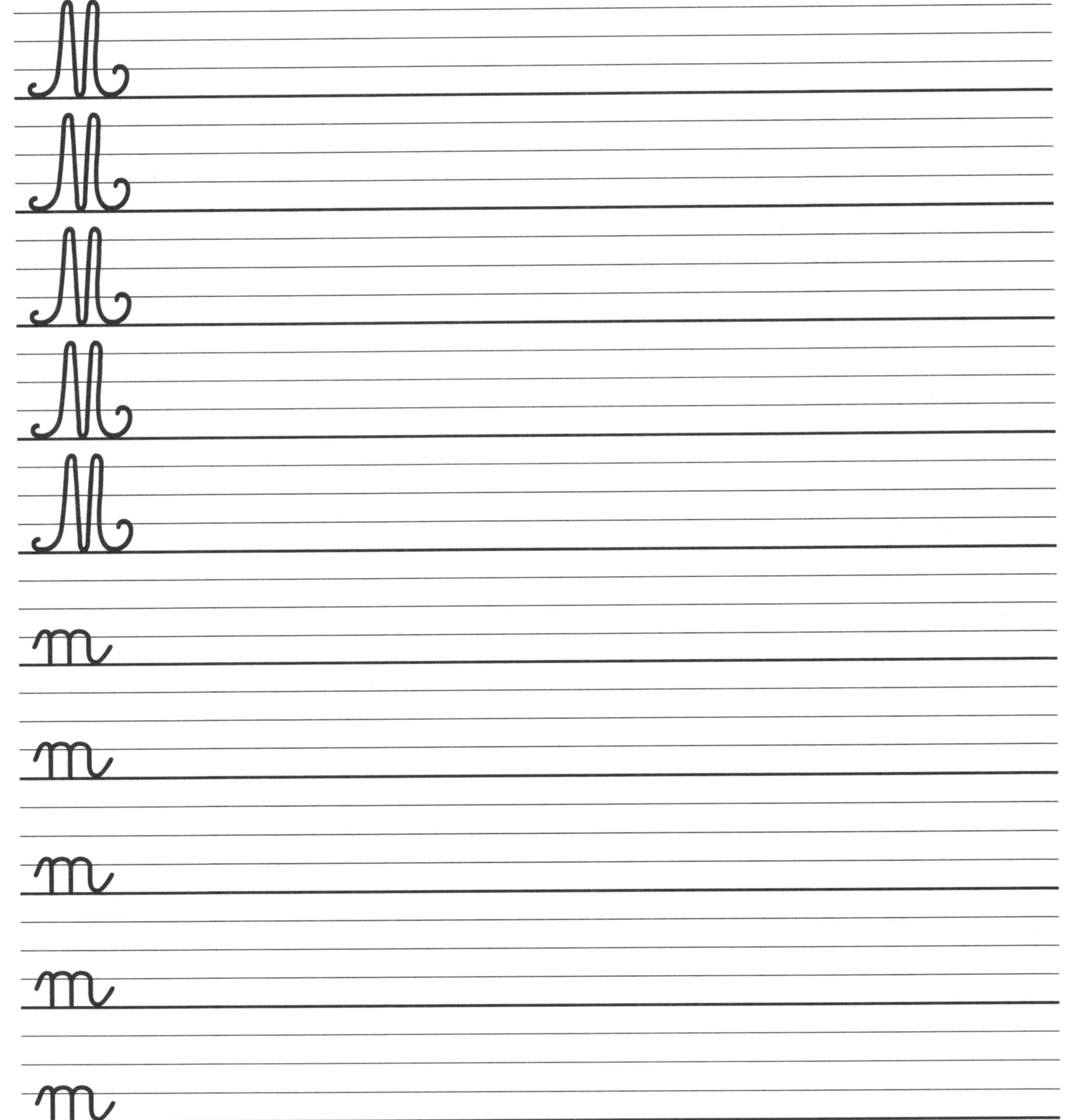

N n nuage

A B C D E F G H I J K L M N

O P Q R S T U V W X Y Z

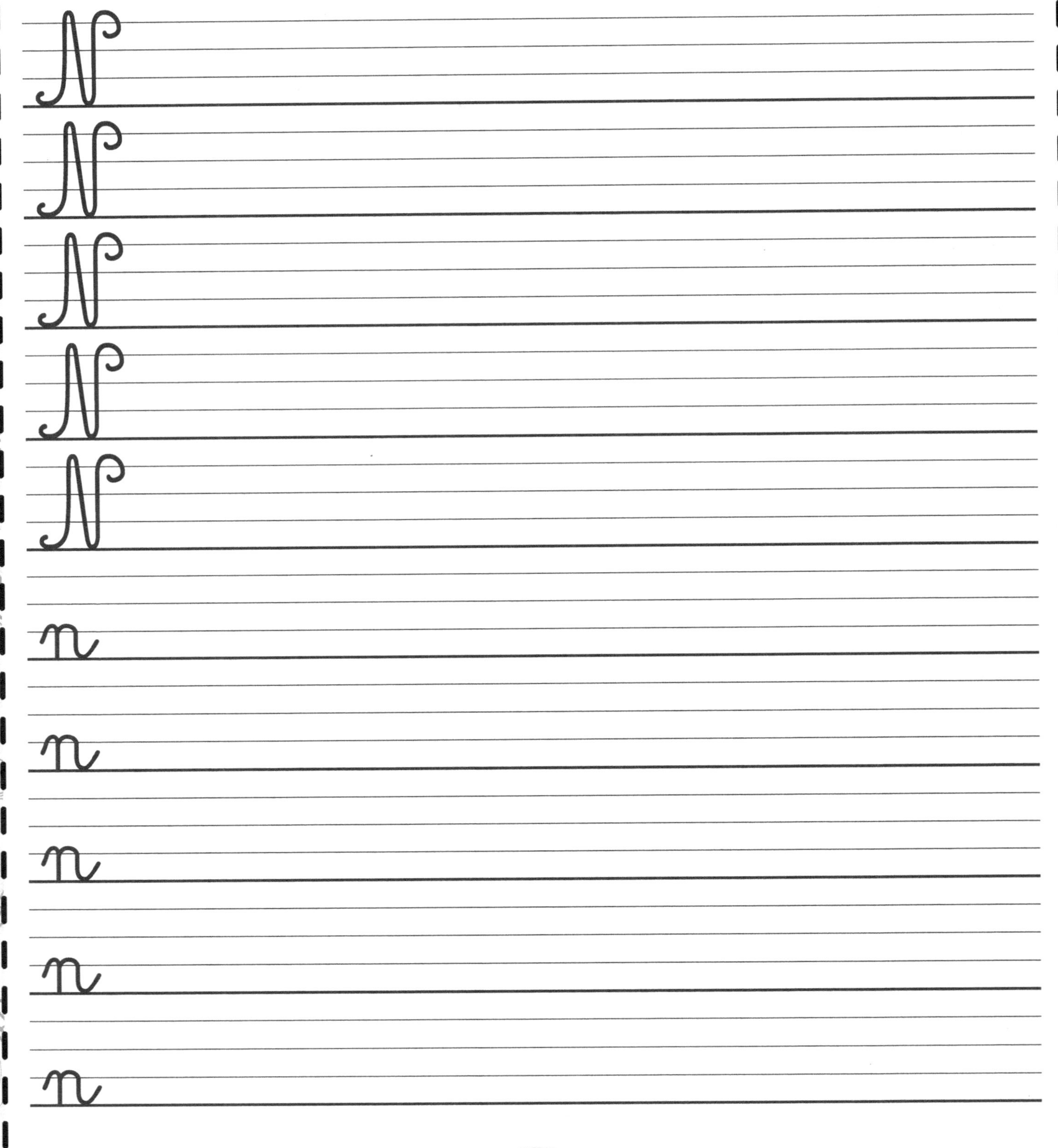

O o

oiseau

A B C D E F G H I J K L M N
◙ P Q R S T U V W X Y Z

$\mathcal{P}\,p$

pingouin

A B C D E F G H I J K L M N
O **P** Q R S T U V W X Y Z

A B C D E F G H I J K L M N
O P Q R S T U V W X Y Z

Qq   queue 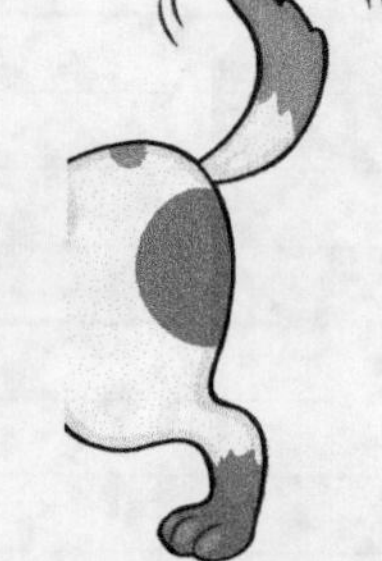

A B C D E F G H I J K L M N
O P Q R S T U V W X Y Z

R r   requin

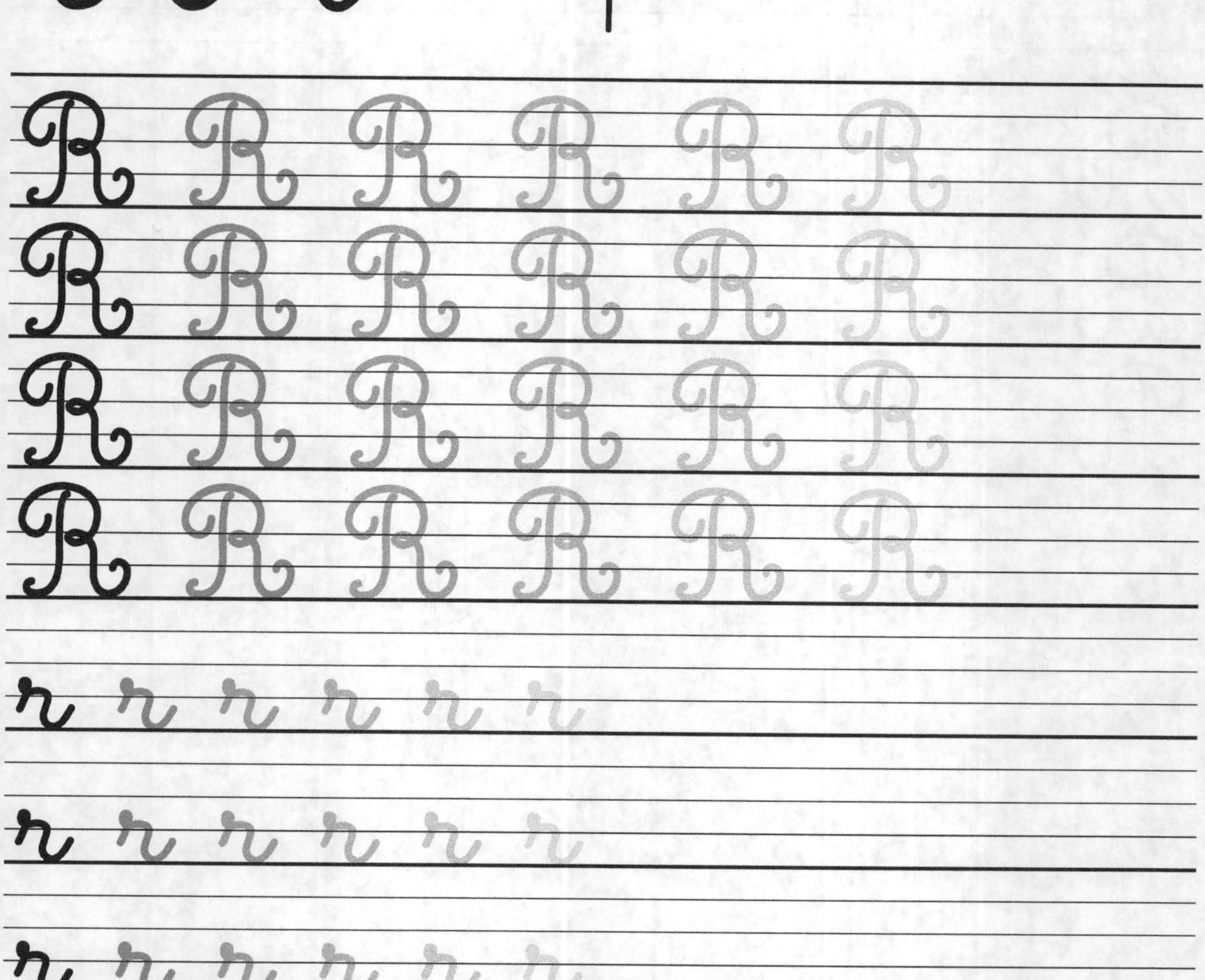

ABCDEFGHIJKLMN
OPQ**R**STUVWXYZ

A B C D E F G H I J K L M N
O P Q R **S** T U V W X Y Z

Ss

singe

A B C D E F G H I J K L M N
O P Q R S T U V W X Y Z

Tt train

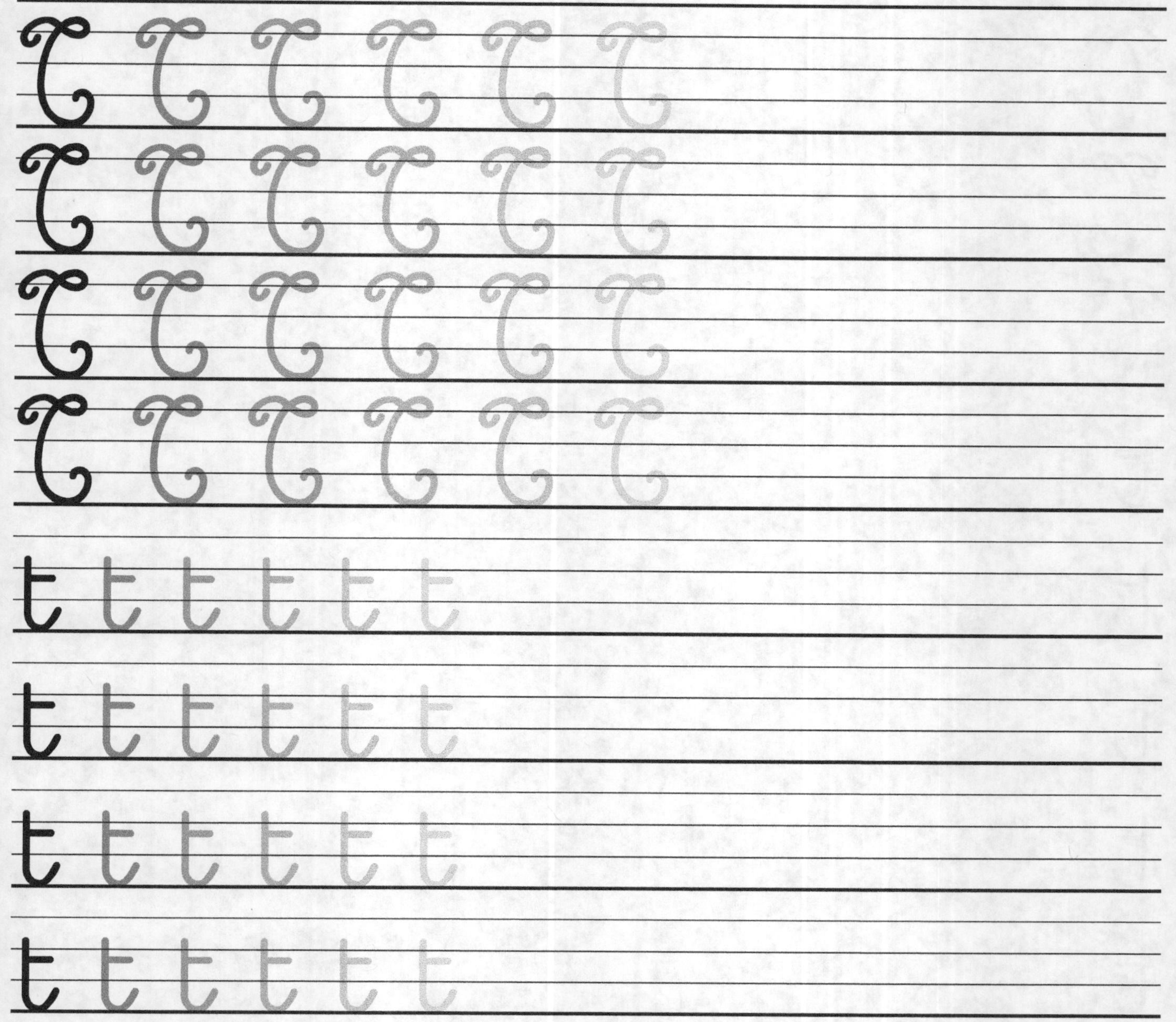

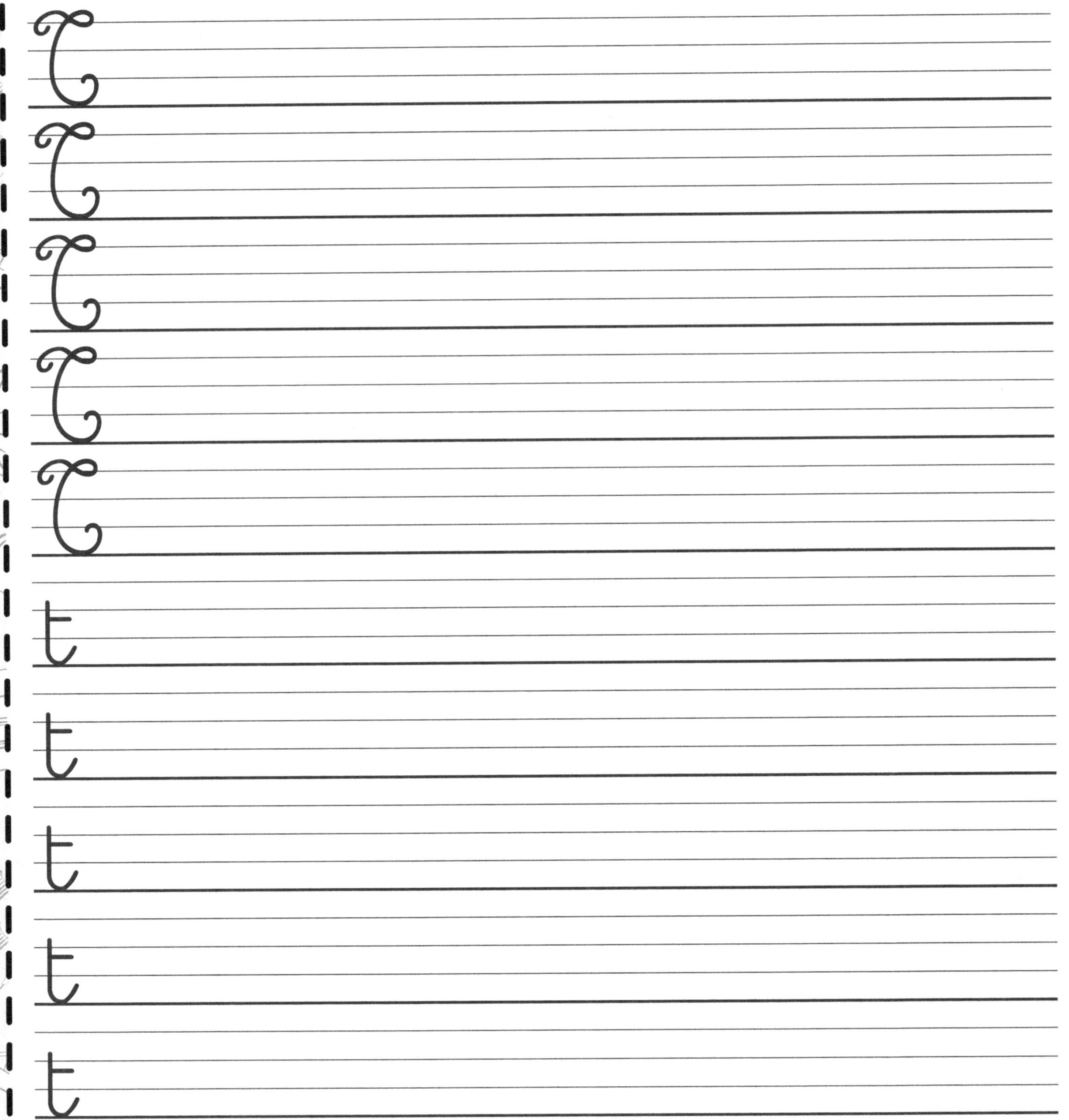

A B C D E F G H I J K L M N
O P Q R S T U V W X Y Z

A B C D E F G H I J K L M N
O P Q R S T U V W X Y Z

𝒰 u   usine

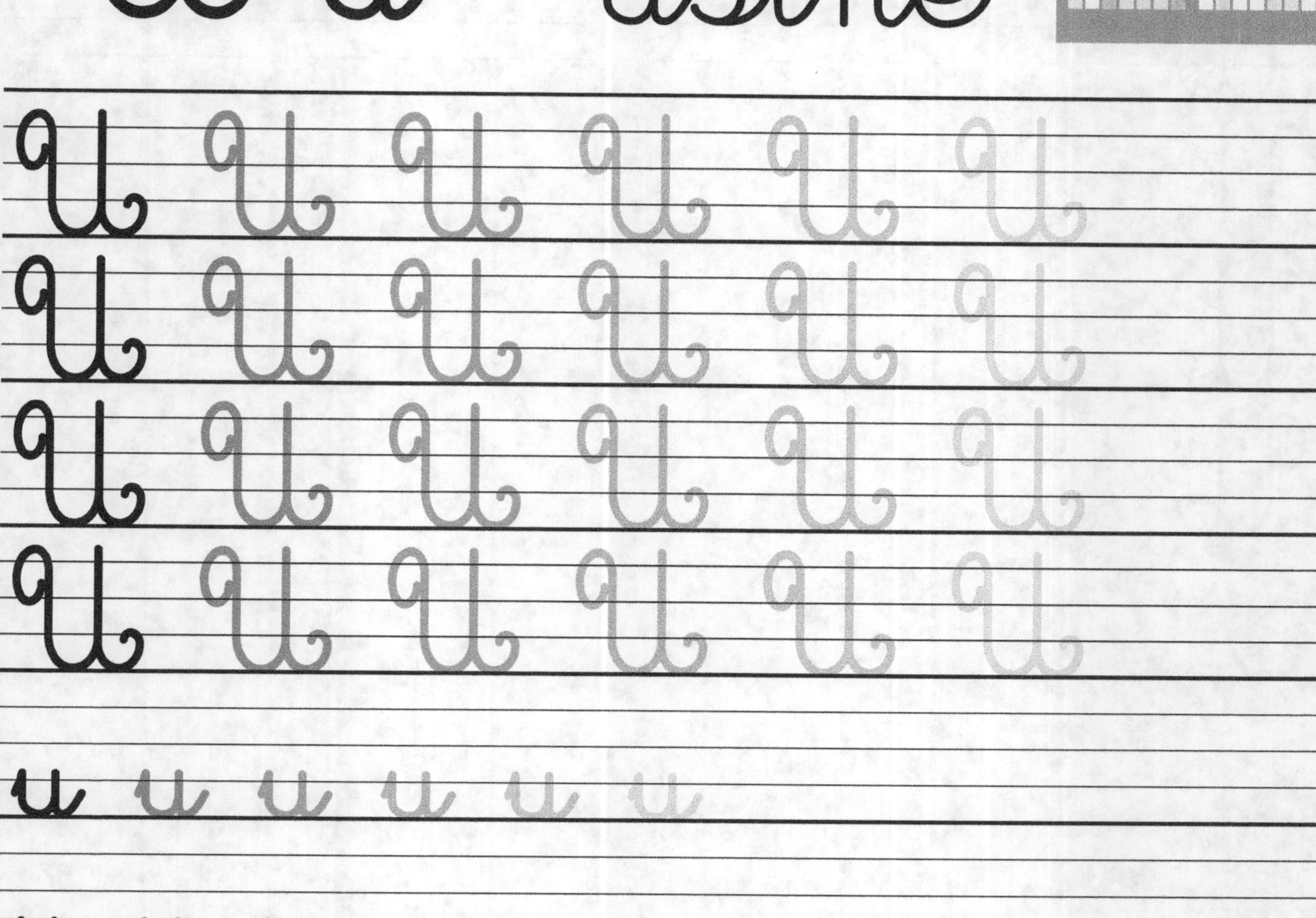

ABCDEFGHIJKLMN
OPQRST**U**VWXYZ

ABCDEFGHIJKLMN
OPQRSTU **V** WXYZ

$\mathcal{V}$ v voiture

A B C D E F G H I J K L M N
O P Q R S T U **V** W X Y Z

W w wagon

A B C D E F G H I J K L M N
O P Q R S T U V **W** X Y Z

A B C D E F G H I J K L M N
O P Q R S T U V W **X** Y Z

𝒳 𝓍 *xylophone*

A B C D E F G H I J K L M N
O P Q R S T U V W X Y Z

A B C D E F G H I J K L M N
O P Q R S T U V W X **Y** Z

Y y yaourt

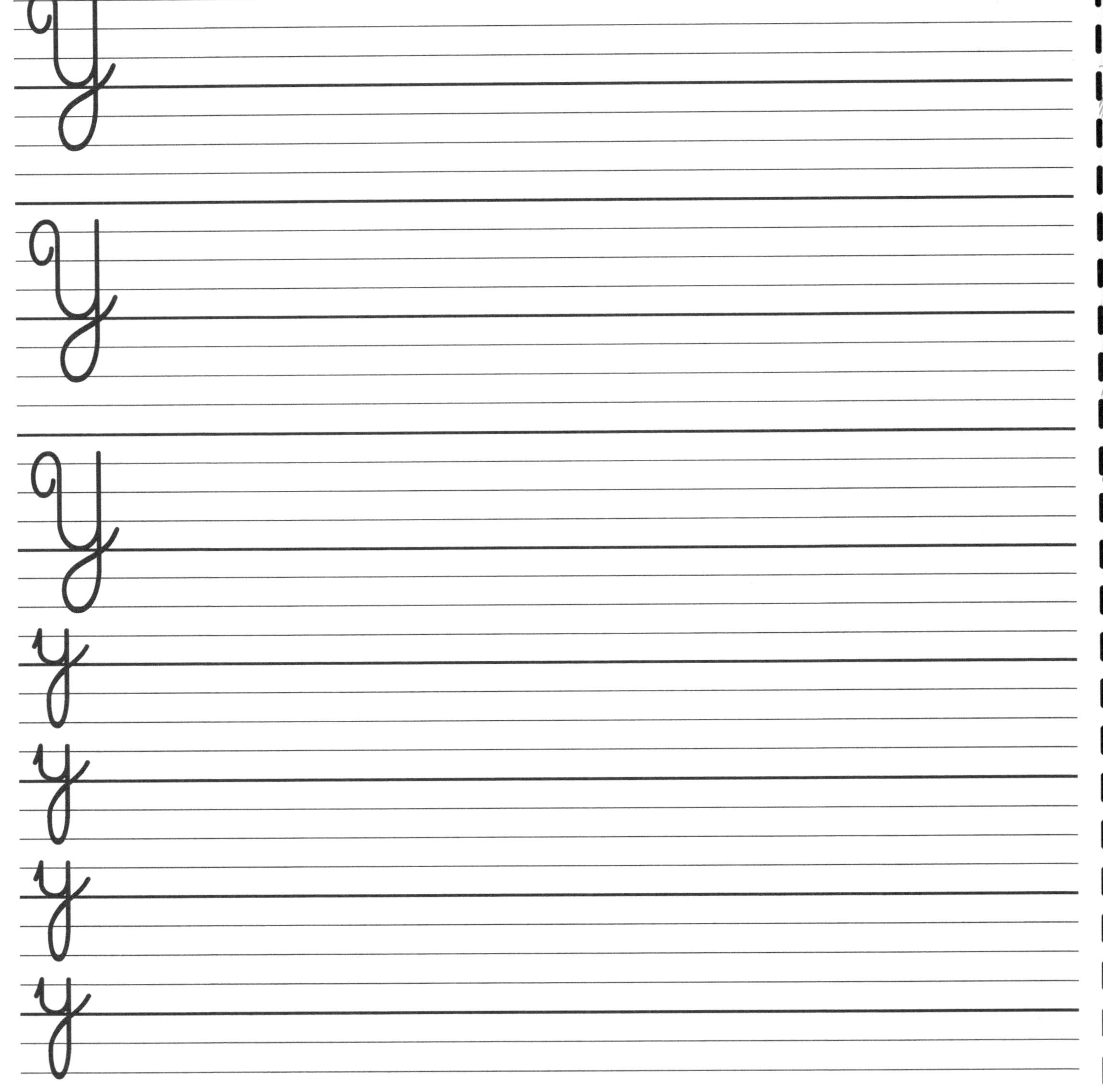

A B C D E F G H I J K L M N
O P Q R S T U V W X Y Z

Z z

zèbre

A B C D E F G H I J K L M N
O P Q R S T U V W X Y Z

1

un

1 1 1 1 1 1 1 1

1 1 1 1 1 1 1 1

1 1 1 1 1 1 1 1

1 1 1 1 1 1 1 1

un

un un un un un

un un un un un

un un un un un

un un un un un

2 deux

2 2 2 2 2 2 2 2

2 2 2 2 2 2 2 2

2 2 2 2 2 2 2 2

2 2 2 2 2 2 2 2

deux

deux deux deux
deux deux deux
deux deux deux
deux deux deux

3 trois

3 3 3 3 3 3 3
3 3 3 3 3 3 3
3 3 3 3 3 3 3
3 3 3 3 3 3 3

trois

trois trois trois

trois trois trois

trois trois trois

trois trois trois

4 quatre

quatre

quatre *quatre* *quatre*

quatre *quatre* *quatre*

quatre *quatre* *quatre*

quatre *quatre* *quatre*

5 cinq

5 5 5 5 5 5 5

5 5 5 5 5 5 5

5 5 5 5 5 5 5

5 5 5 5 5 5 5

cinq

cinq *cinq* *cinq*

cinq *cinq* *cinq*

cinq *cinq* *cinq*

cinq *cinq* *cinq*

6

six

6 6 6 6 6 6 6
6 6 6 6 6 6 6
6 6 6 6 6 6 6
6 6 6 6 6 6 6

six

six   six   six

six   six   six

six   six   six

six   six   six

7 sept

sept

sent sent sent

sent sent sent

sent sent sent

sent sent sent

8 huit

huit

9 neuf

9 9 9 9 9 9 9 9

9 9 9 9 9 9 9 9

9 9 9 9 9 9 9 9

9 9 9 9 9 9 9 9

neuf

neuf neuf neuf

neuf neuf neuf

neuf neuf neuf

10 dix

10 10 10 10
10 10 10 10
10 10 10 10
10 10 10 10

dix

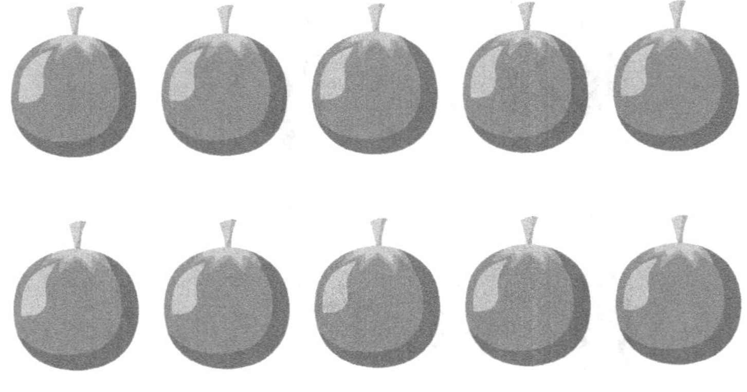

dix dix dix

dix dix dix

dix dix dix

dix dix dix

QCM: J'entoure le bon chiffre

J'entoure le bon chiffre

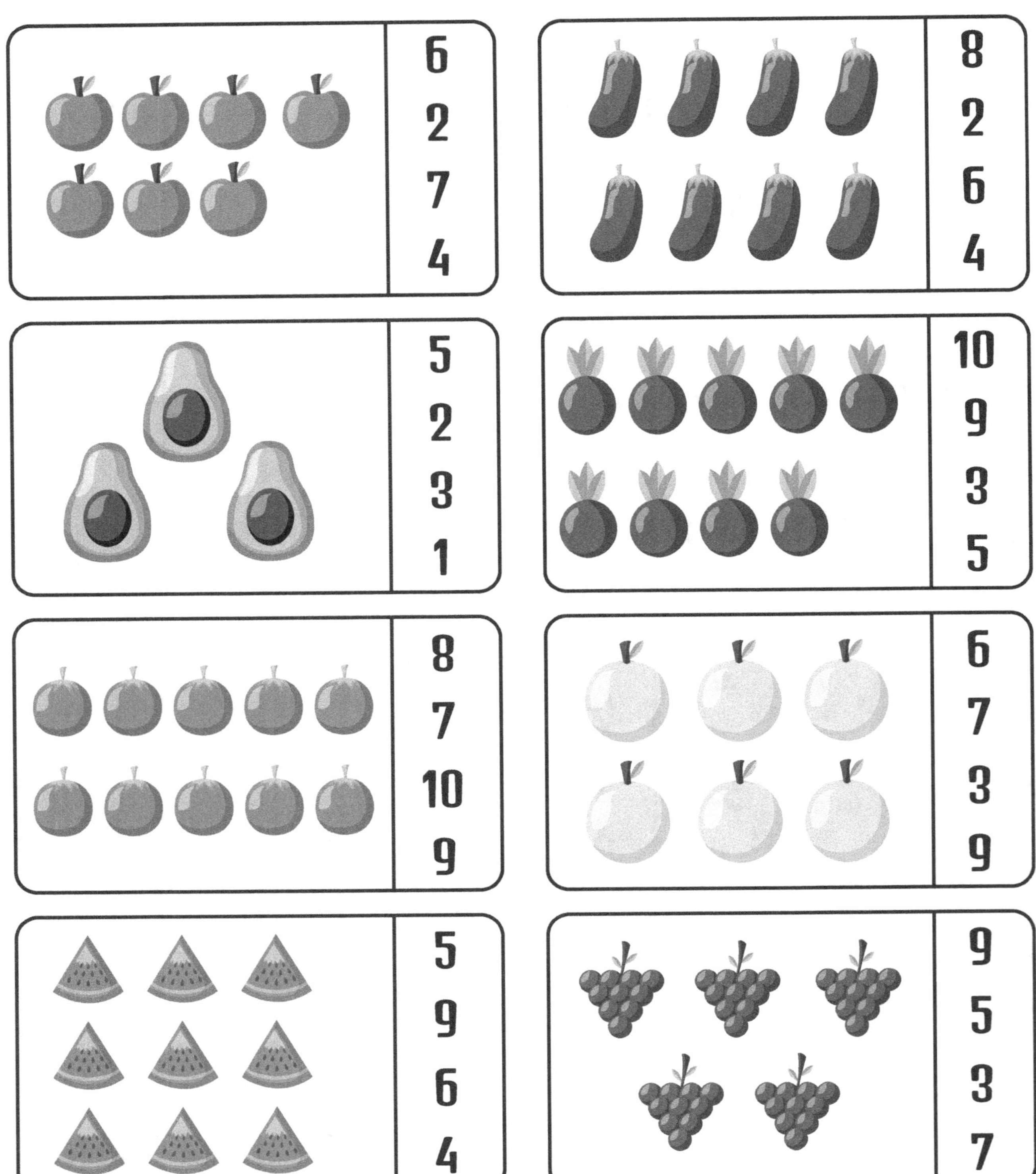

Addition: Exercice 1

Addition: Exercice 

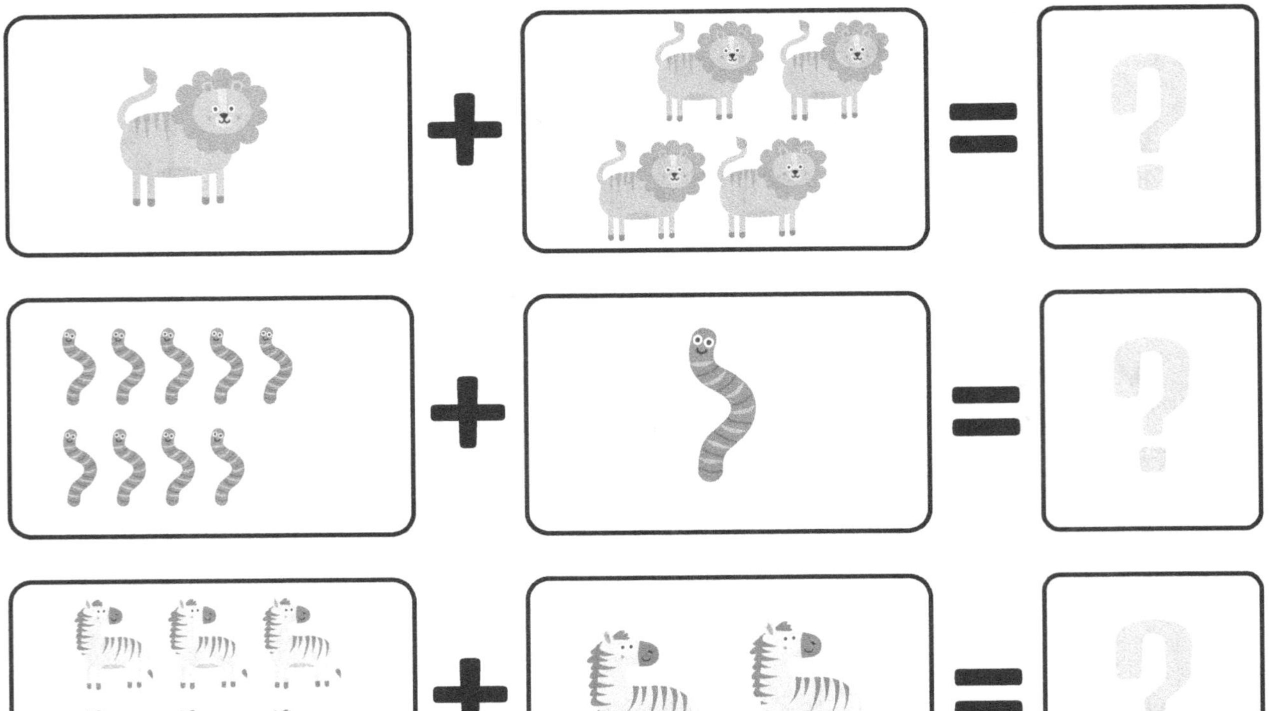

 + **3** = **5**

 + **8** = **?**

 + **2** = 

 + **7** = 

 + **9** = **?**

Addition: Exercice 2

 + **5** = **?**

 + **2** = **?**

 + **1** = **?**

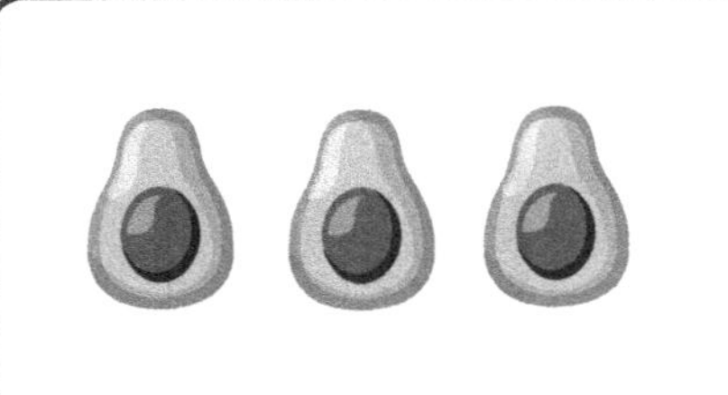 + **6** = **?**

 + **4** = **?**

2 + 1 = 3

1 + 4 = ?

3 + 2 = ?

4 + 1 = ?

6 + 2 = ?

8 + 2 = ?

1 + 7 = ?

3 + 3 = ?

9 + 1 = ?

2 + 2 = ?

$$3 - 1 = 2$$

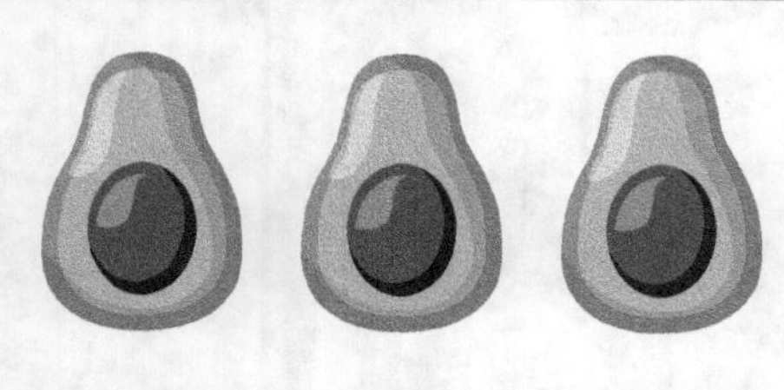

$$3 - 2 = \boxed{?}$$

$$4 - 2 = \boxed{?}$$

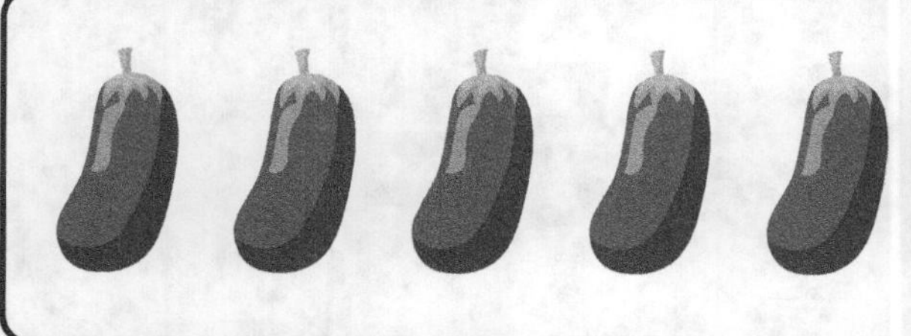

$$5 - 3 = \boxed{?}$$

$$6 - 3 = \boxed{?}$$

$8 - 2 =$?

$7 - 5 =$?

$9 - 1 =$?

$5 - 5 =$?

$9 - 8 =$?

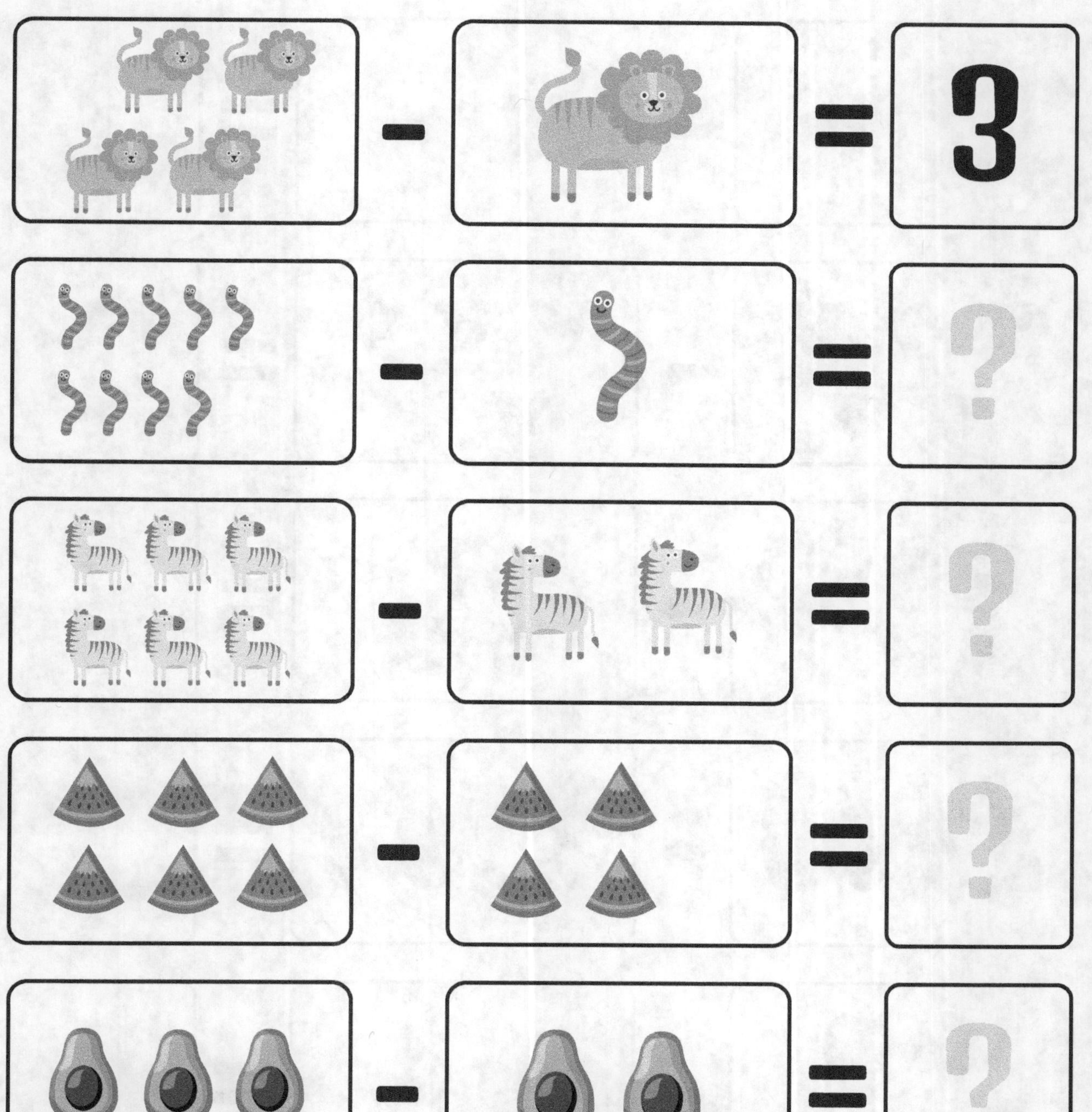

Soustraction: Exercice 2

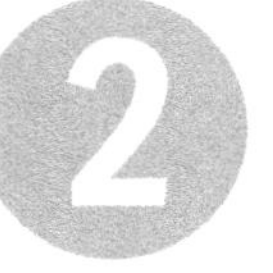

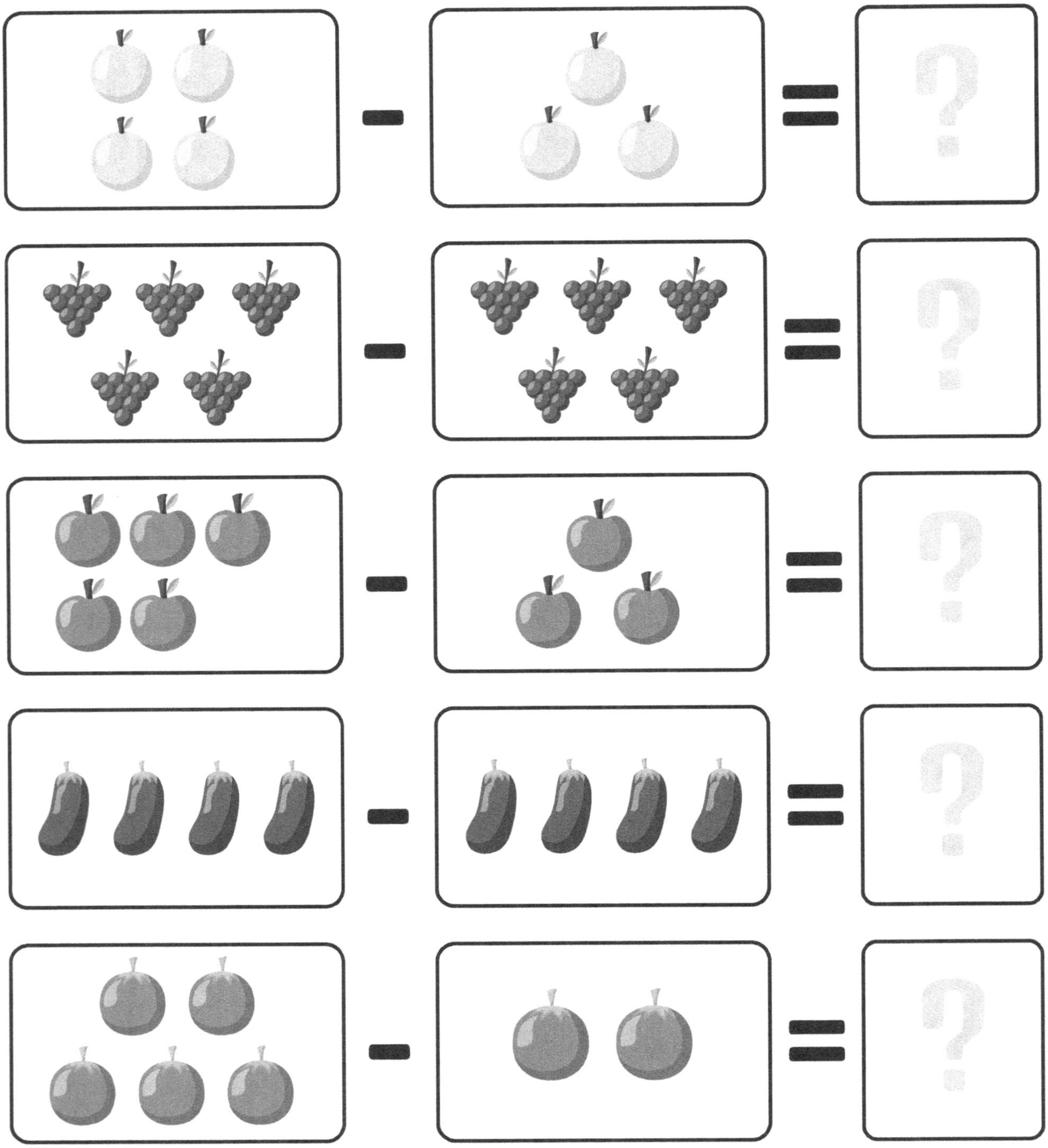

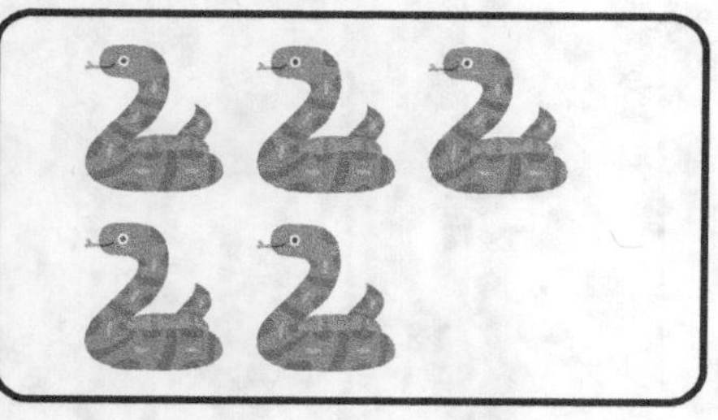 − **3** = **2**

 − **2** = **?**

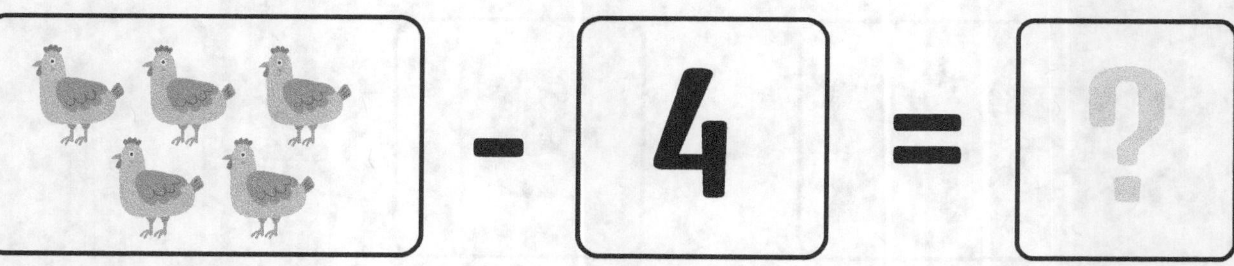 − **4** = **?**

 − **1** = **?**

 − **5** = **?**

 − 6 = 

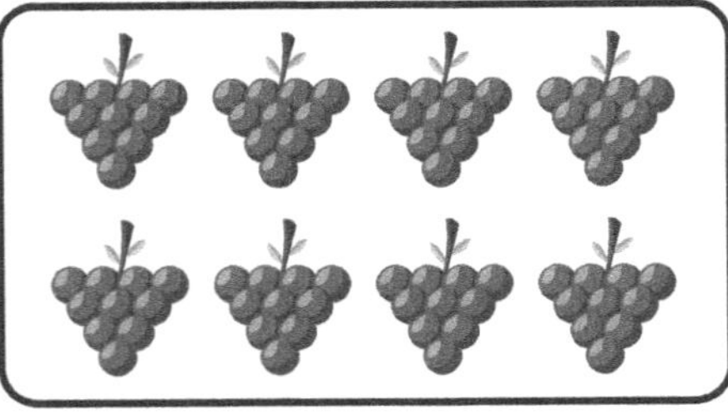 − 7 = 

 − 9 = 

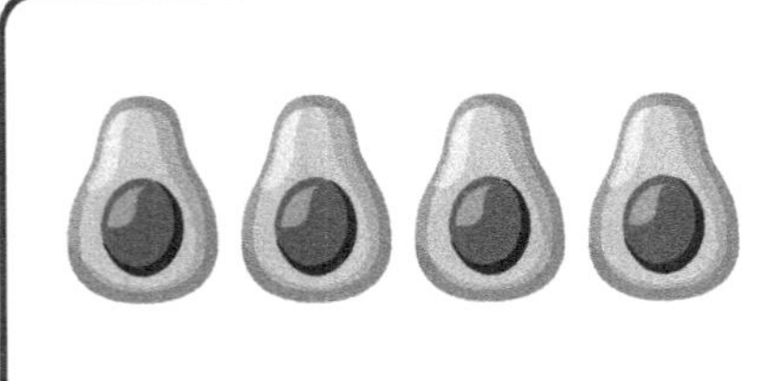 − 2 = 

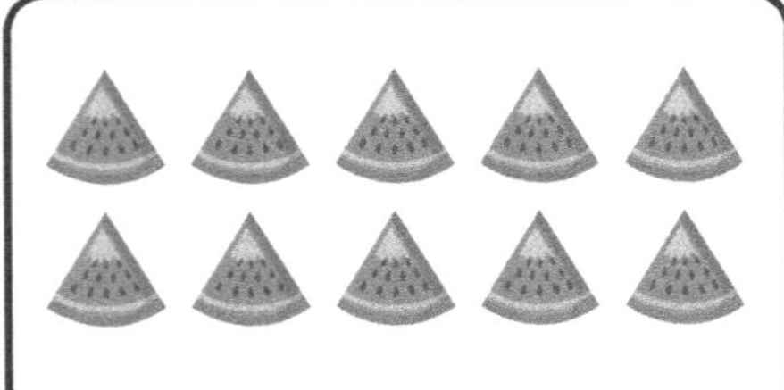 − 8 = 

3 - **1** = **2**

4 - **1** = **?**

2 - **2** = **?**

5 - **3** = **?**

6 - **2** = **?**

3 - 2 = ?

8 - 6 = ?

9 - 7 = ?

6 - 4 = ?

7 - 7 = ?

Pour trouver la sortie du labyrinthe, colorie dans l'ordre les cases de 1 à 16

Pour trouver la sortie du labyrinthe, colorie dans l'ordre les cases de 1 à 16

Pour trouver la sortie du labyrinthe, colorie dans l'ordre les cases de 1 à 18

Pour trouver la sortie du labyrinthe, colorie dans l'ordre les cases de 1 à 18

Pour trouver la sortie du labyrinthe, colorie dans l'ordre les cases de 1 à 16

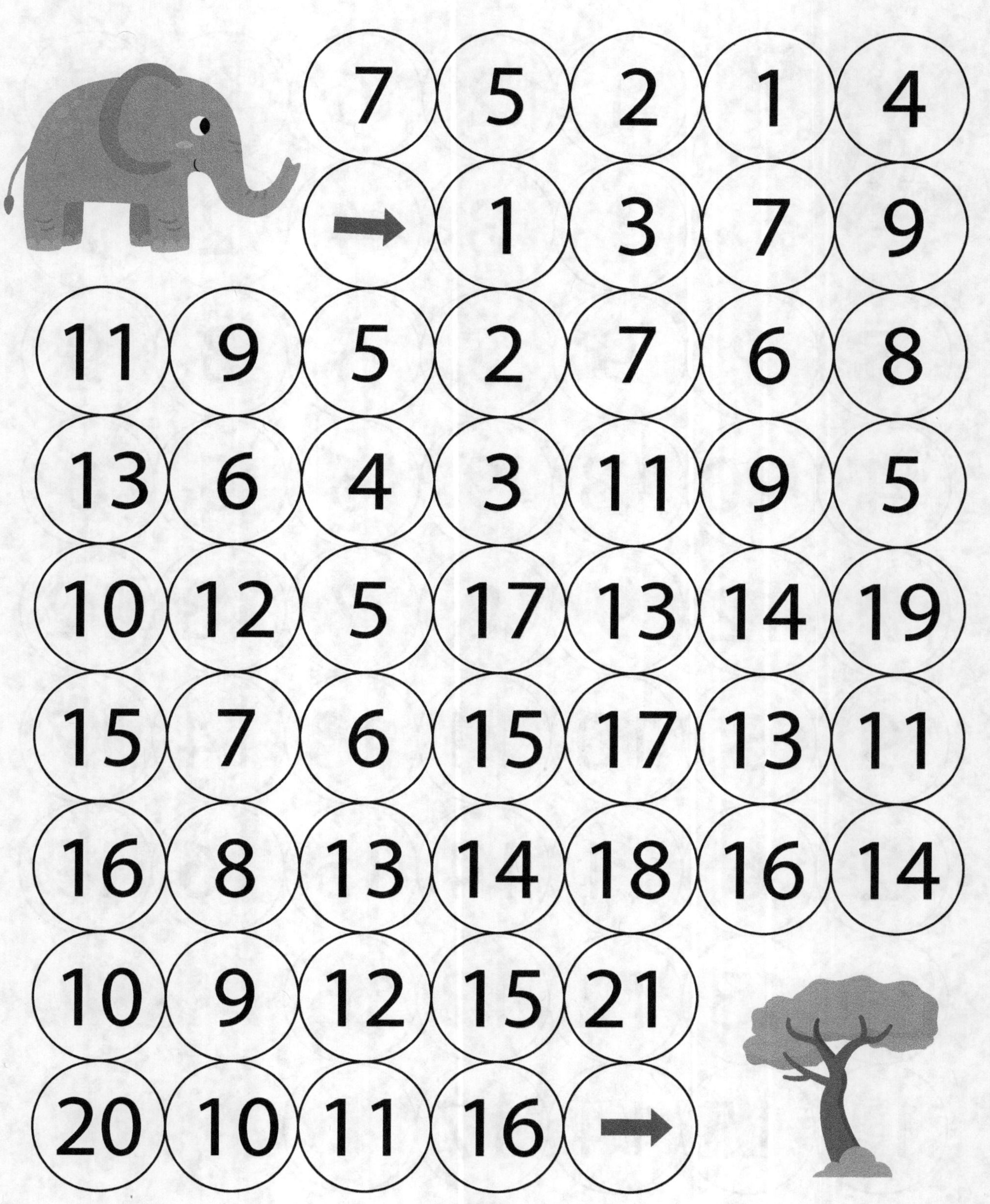

Pour trouver la sortie du labyrinthe, colorie dans l'ordre les cases de 1 à 16

Pour trouver la sortie du labyrinthe, colorie dans l'ordre les cases de 1 à 16

2 1 4 3 5
1 2 3 8
4 1 3 8 6 4 7
3 7 3 7 6 5 6
6 6 7 8 17 13 12
7 16 8 9 14 16 13
8 14 11 10 18 12 15
17 13 12 11 17
15 14 15 16

Pour trouver la sortie du labyrinthe, colorie dans l'ordre les cases de 1 à 16
2 4 5 7 3
→ 1 3 9 8
7 4 3 2 6 6 7
6 10 4 11 1 9 8
7 6 5 12 10 13 16
9 7 6 14 17 12 11
11 8 9 17 18 19 12
10 11 10 15 16
13 12 13 14 ↓

Pour trouver la sortie du labyrinthe, colorie dans l'ordre les cases de 1 à 16

1 2 3 4 5
↑ 3 0 8 6
8 7 6 5 6 9 7
11 12 14 12 10 9 8
17 13 8 14 11 12 17
12 10 9 13 12 14 15
7 8 11 14 16 12 18
11 14 12 15 16
18 12 13 14 ↓

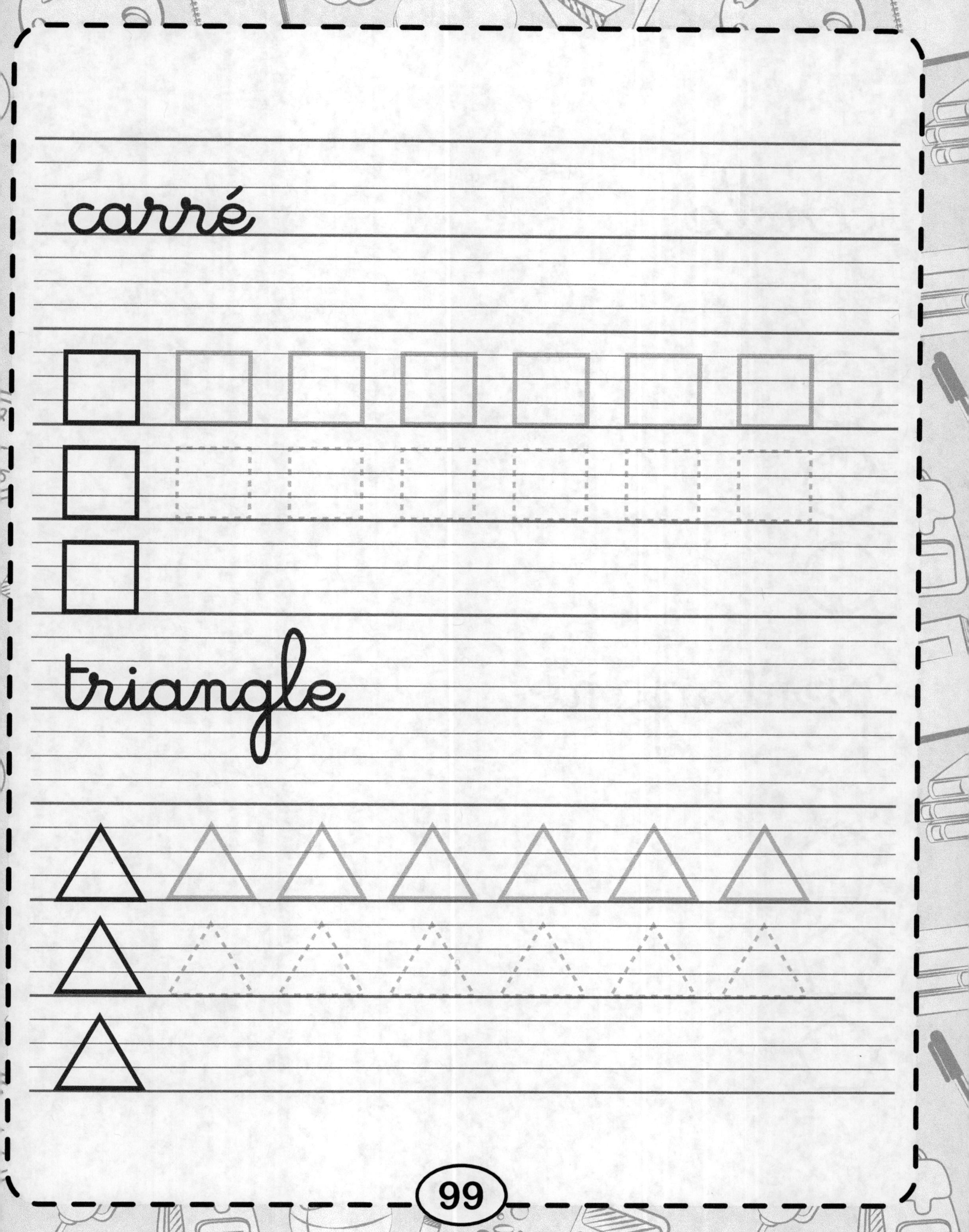

carré

triangle

cercle

pentagone

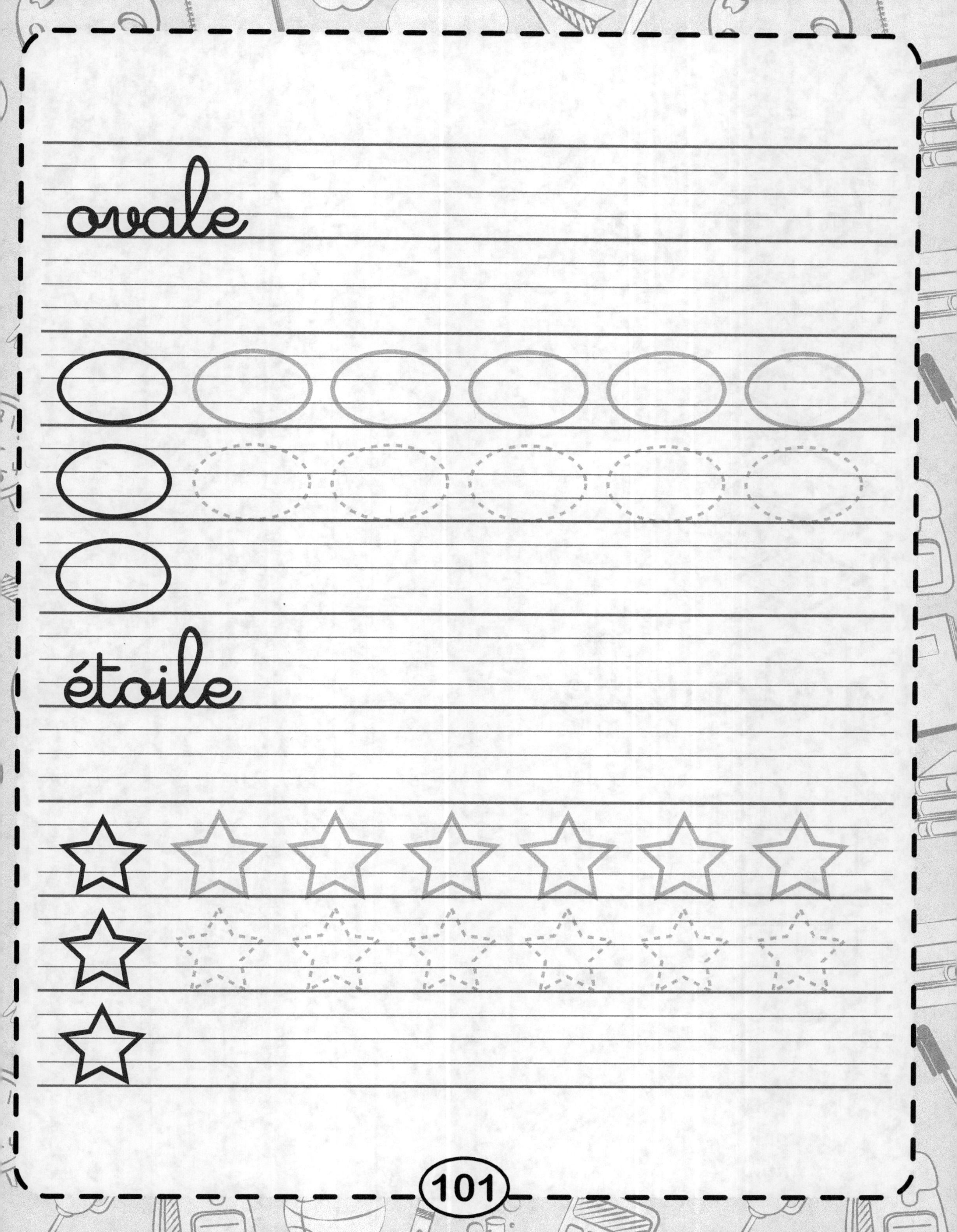

ovale

étoile

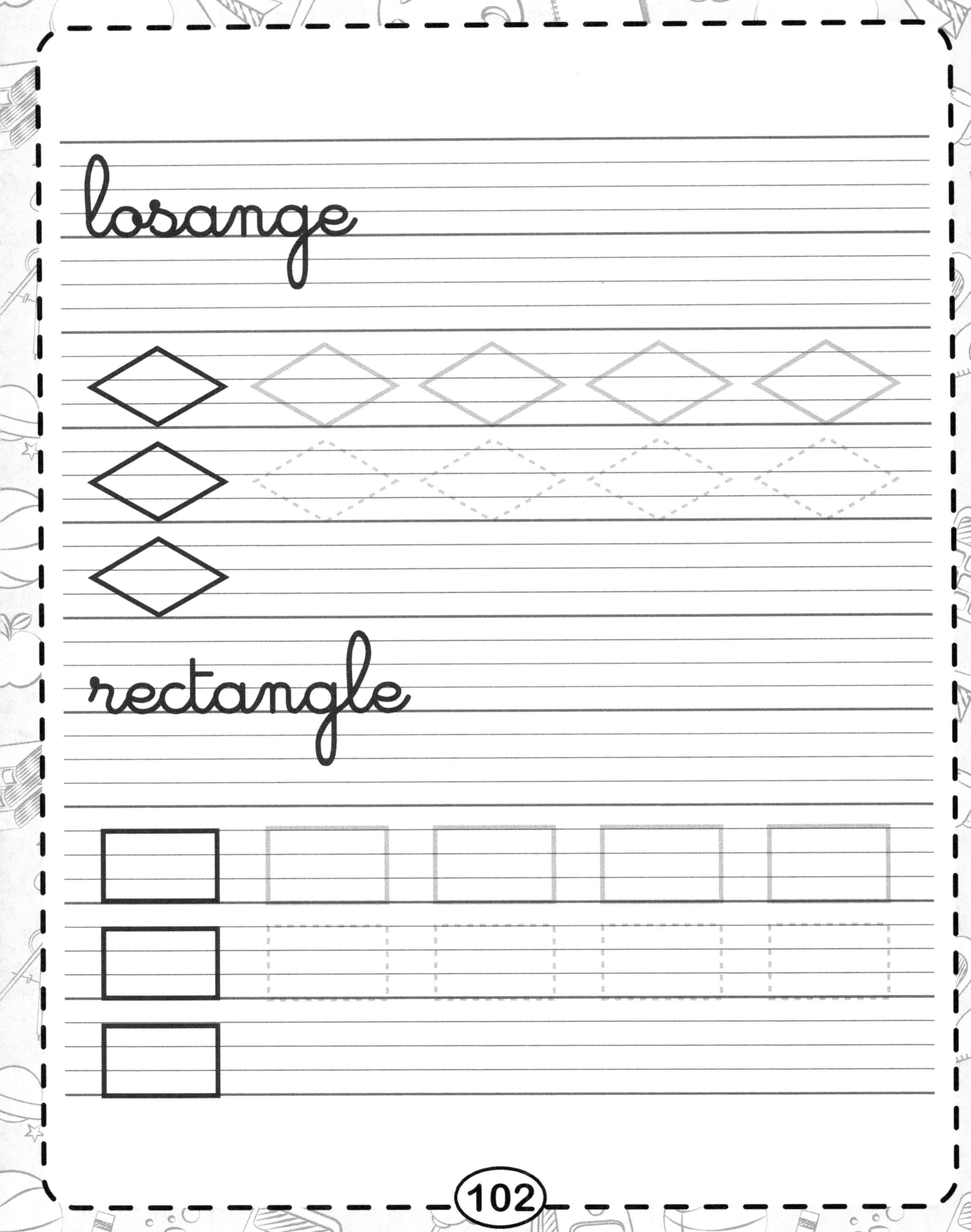

losange
rectangle

hexagone

trapèze

ligne brisée

demi cercle

croissant

coeur

parallélogramme

flèche

114

Merci d'avoir acheté
ce produit. Si vous aimez
ce cahier d'activités,
n'hésitez pas à laisser
un commentaire client
sur le site d'Amazon.
Votre avis nous aide à
créer d'autres livres
pour le plus grand plaisir
de votre enfant.